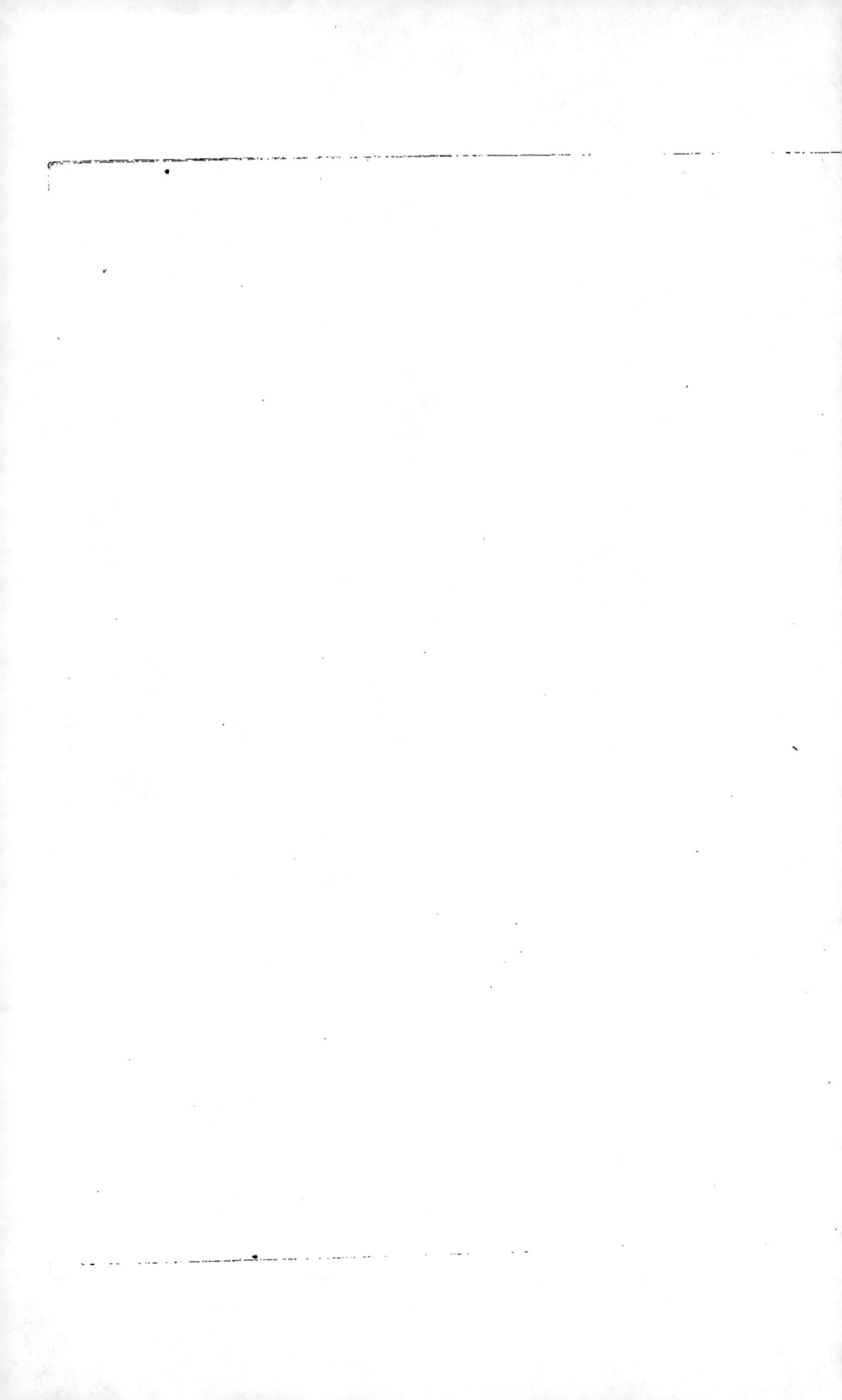

MÉMOIRE

Sur les incursions que les Normans firent dans la Neustrie, par la Seine.

Par M. BONAMY.

APRÈS avoir exposé, dans deux Mémoires, les causes de la facilité que les Normans trouvèrent à ravager le royaume de France, je vais maintenant reprendre de suite les incursions de ces barbares sur les bords de la Seine, depuis la mort de Louis le Débonnaire, jusqu'au fameux siège de Paris de l'an 886, dont je me suis engagé de donner l'histoire.

9 Août
1743.
Mémoires de l'Académie, t. xv, *page* 639.
& *ci-dessus p.* 245.

Les Normans ne pouvoient trouver une occasion plus favorable, pour forcer les barrières qui jusqu'alors leur avoient fermé l'entrée de la Neustrie, que celle que leur fournirent les disputes des enfans de Louis le Débonnaire. Tout étoit en mouvement dans les Gaules, à la mort de ce Prince: les Grands abandonnant la garde des pays qui étoient confiés à leur soin, ne songeoient qu'à se joindre, avec les troupes de leurs départemens, aux Princes dont ils avoient épousé le parti. Ils se trouvèrent enfin rassemblés le 24 Juin 841, auprès de Fontenai, où se livra la bataille qui donna une nouvelle face à l'empire françois.

C'étoit un mois avant cette bataille, qu'Oger ou Oscheric, l'un des plus puissans chefs des Normans, s'avança pour la première fois dans la Seine jusqu'à Rouen. Cette incursion dura peu de jours: les Normans arrivés à Rouen le 12 mai, y mirent le feu le 14, & l'abandonnèrent deux jours après pour aller brûler l'abbaye de Jumièges: celle de S.t Vandrille ou de Fontenelles eut le bonheur de se racheter du pillage & de l'incendie, en donnant seulement six livres d'argent.; & les Normans s'en retournèrent par mer le 31.

Chronic. Fontanell. ad an. 841.

Tome XVII. . M m

du même mois : peut-être, appréhendèrent-ils, s'ils reſtoient plus long-temps, d'être enveloppés par les troupes françoiſes répandues de tous côtés.

Si les Normans quittèrent la Seine pour quelques années, ce ne fut que pour ſe jeter ſur l'Aquitaine & ſur la Bretagne: mais comme l'objet de mon Mémoire n'eſt que de recueil-lir ici ce qui regarde la Neuſtrie, je ne parlerai point des ravages qu'ils commirent dans les autres provinces du royaume; je me bornerai à ce qui concerne les environs de la Seine, & la ville de Paris en particulier.

Sæcul. 1. Be-nedict. p. 688.

Les Normans ne rentrèrent dans la Seine qu'en 845; ſous la conduite de Ragenaire ou Régnier; ils pillèrent pour la ſeconde fois la ville de Rouen, où ils demeurèrent pen-dant quelques jours. Mais ce que nous ne pouvons raconter qu'avec larmes, dit Aimoin qui vivoit alors; comme ils virent que les Grands, prépoſés à la garde du pays, n'avoient pas le courage de les attaquer, ils ſe répandirent ſur les bords de la Seine, & commencèrent à brûler, piller & ſacca-ger les villes, les égliſes & les monaſtères, à maſſacrer & à enlever les hommes & les femmes, & à laiſſer des marques de leur barbarie & de leurs débauches, dans toutes ces belles contrées que la Seine arroſe, comme un paradis terreſtre; c'eſt l'expreſſion d'Hildegaire évêque de Meaux, auteur du même temps.

Chronic. Fon-tanell. ad annum 845.

Ex lib. mira-cul. S. Germani lib. I. c. I.

Vita S. Faro-nis, ſæcul. II. Benedict. pag. 624.

Ces avantages, dans un pays ouvert de tous côtés, ſans crainte d'aucun ennemi à combattre, firent concevoir aux Normans la hardieſſe de s'engager plus avant qu'ils n'avoient encore fait, & de remonter la Seine preſque juſqu'aux portes de Paris, c'eſt-à-dire, juſqu'à Charlevanne, *uſque ad locum qui dicitur Carolivenna.* C'eſt un lieu qui étoit auprès de Bougival, & qui eſt marqué dans les anciennes cartes des environs de Paris, devant l'île où la Machine de Marli a été conſtruite.

Aimoin. ut ſu-prà.

Cette dénomination *Carolivenna,* qui ſignifie *pêcherie de Charles,* lui venoit de Charles Martel qui l'avoit fait conſ-truire; Louis le Débonnaire l'avoit donnée aux Religieux de

Hadr. Valeſii Notitia Galliar.

S.ᵗ Germain-des-Prés, qui avoient auprès une églife & un petit monaftère, *Cella*, qui a donné le nom au village de la Celle.

Les Normans, contre leur efpérance, étant arrivés à Charlevanne, fans trouver d'obftacle, mirent le feu à l'églife & au monaftère de la Celle : de là s'avançant vers Paris dans leurs bateaux, ils tentèrent de piller l'abbaye de S.ᵗ Denys. Les Moines avoient déjà tiré de fon fépulchre les offemens de leur Patron, dans l'intention de les mettre en lieu de fûreté; mais Charles le Chauve, qui étoit auprès de Paris en 845, ayant ramaffé ce qu'il avoit pû trouver de troupes, vint fe camper fur les bords de la Seine vis-à-vis de S.ᵗ Denys, & mit par-là cette abbaye à l'abri des infultes des Normans. *Aimoin. de miraculis S. Germani.*

Il y a dans cet endroit une grande île que forment deux bras de la Seine : les barbares étoient entrés d'abord dans celui qui eft du côté de S.ᵗ Denys; mais la préfence du Roi leur ayant fait voir que ce feroit inutilement qu'ils y tenteroient une defcente, ils pafsèrent dans l'autre bras, où ils mirent en fuite ceux qui défendoient le rivage, & err pendirent une centaine, à la vûe de l'armée du Roi : enfuite s'étant rembarqués, ils arrivèrent à Paris le 28 mars veille de Pâques, & trouvèrent déferte cette ville auparavant fi peuplée, dit Aimoin. Les Eccléfiaftiques & les Religieux avec leurs reliques, & tous les habitans des lieux circonvoifins, avoient auffi cherché leur falut dans la fuite : la fécurité où vivoient auparavant les moines de S.ᵗ Germain, & leur fuite précipitée, ne leur avoient pas permis de mettre à couvert quantité de richeffes qui devinrent la proie des Normans. Les hiftoriens ne nous apprennent point le détail de ce qu'ils firent à Paris : mais il y a tout lieu de croire qu'ils y commirent les mêmes défordres, qu'à l'abbaye de S.ᵗ Germain-des-Prés, qu'ils pillèrent, & où ils n'épargnèrent pas même les poutres de l'églife, parce qu'elles étoient propres à la conftruction de leurs barques. *Ibid.*

Les excès auxquels ils fe livrèrent furent la caufe de la

dyſenterie & des autres maladies dont ils furent attáqués; & la crainte de périr tous à Paris les obligea de penſer à la retraite : ils envoyèrent donc au Roi des députés pour lui demander de l'argent & la permiſſion de ſortir du royaume. Si l'on en croit Hildegaire, l'armée de Charles le Chauve, ſi conſidérable que la terre avoit peine à la contenir, auroit pû accabler les Normans ; cependant, dit·il, les François n'eurent pas le courage de garder les deux bords de la Seine, pour leur barrer le paſſage : ils prirent un parti qui étoit d'une dangereuſe conſéquence pour la ſuite, & qui ne pouvoit que contribuer à la ruine du royaume; c'eſt-à-dire, de leur payer l'argent qu'ils demandoient : mais par le récit d'Aimoin, il paroît que le Roi n'avoit pas eu le temps de raſſembler toutes ſes troupes, & que ce ne fut que malgré lui qu'il conſentit à la demande des barbares. Deux choſes l'y contraignirent ; la déſertion d'une partie de l'armée qui l'abandonna, & ce qui eſt plus étonnant, la connivence de quelques Grands, que les Normans avoient mis dans leurs intérêts par leurs préſens.

Ragenaire étant donc venu trouver le Roi à S.t Denys; lui & ſes compagnons s'engagèrent par ſerment à ne plus rentrer dans le royaume, ſi ce n'étoit pour venir à ſon ſecours, & en être les défenſeurs. Les annales de S.t Bertin font monter la ſomme du tribut qu'on leur paya, à ſept mille livres d'argent, ou dix mille cinq cens marcs; ce qui reviendroit aujourd'hui à cinq cens vingt-cinq mille livres de notre monnoie, en ne comptant le marc d'argent que ſur le pied de cinquante livres; c'eſt ainſi que j'évaluerai les ſommes marquées en livres, dont il ſera parlé dans la ſuite. Ces livres étoient de douze onces de notre poids de marc, dont l'uſage s'étoit introduit dans le royaume depuis le règne de Charlemagne, comme l'a prouvé M. le Blanc. Cette ſomme, au reſte, ne fut pas levée ſur tout le royaume, mais ſeulement ſur les pays voiſins de la Seine. Quand les hiſtoriens du temps ne nous en avertiroient pas, on ſent bien qu'il y auroit eu de l'injuſtice, & même de l'impoſſibilité, à lever

Vita S. Faronis.

An. Bertin. ad an. 845.

Pagg. 96, 97. Édit. de Hollande.

fur les peuples de la Loire, de la Garonne & du Rhône, des taxes pour la délivrance d'une province éloignée ; tandis qu'ils étoient eux-mêmes obligés, & fouvent dans le même temps, de fe racheter des pillages caufés par d'autres troupes de Normans : c'eft une remarque qu'il eft bon de faire ici pour la fuite.

Les Normans de la Seine quittèrent donc ainfi la ville de Paris, bien joyeux, dit Aimoin, d'un retour qu'ils n'ef-péroient pas obtenir fi facilement ; il ne paroît pas qu'ils aient brûlé fes édifices, ni tué aucun des habitans ; ils s'étoient contentés du pillage.

J'ai marqué cette première incurfion à l'année 845 ; quoique le P. Mabillon, d'après Aimoin, l'ait mife à l'année fuivante. Mais outre que les annales de S.t Bertin, de Metz, de Fulde, & la chronique de Fontenelles, la placent à l'an 845, tous les auteurs, fans en excepter Aimoin, conviennent que les Normans arrivèrent à Paris la veille de Pâques : or l'auteur des annales de S.t Bertin rapporte cette incurfion au mois de mars, & la chronique de Fontenelles marque expref-fément cette veille de Pâques au 5 des calendes d'avril ou 28 mars, & à la 8.e indiction ; ce qui ne peut convenir qu'à l'année 845, dans laquelle, en effet, la fête de Pâques tomba au 29 mars. De plus, Charles le Chauve, felon les annales de Fulde & de Metz, étoit au mois de mars 846, à une conférence du côté de la Meufe, avec fon frère l'Empereur Lothaire : ainfi il ne pouvoit pas être cette année-là dans les environs de Paris.

On ne fut pas long-temps à s'apercevoir combien étoit fage la réflexion d'Hildegaire fur la manière de chaffer les Normans, en leur donnant de l'argent, au lieu de les exter-miner : des richeffes amaffées fi facilement ne pouvoient qu'être un attrait bien puiffant, pour inviter de nouvelles bandes à tenter la même aventure. Ragenaire, de retour en Danemark auprès de fon roi Horric, lui raconta comment il s'étoit rendu maître de Paris, cette ville fi renommée, *Quod opinatiffimam Parifius civitatem captam haberet :* il lui

Sæcul. IV. Be-nedictin. part. I, p. 128. Du Chefne, t. 11, p. 393. Revelat. Au-dradi.

Aimcin. de mi-raculis S. Bene-dicti.

Mm iij

montra l'or & l'argent qu'il avoit rapportés du royaume de Charles; & lui fit le récit de l'épouvante qu'il y avoit répandue, & du peu de réſiſtance qu'il avoit trouvé, dans un pays ſi riche & ſi peuplé. Ce Roi ayant peine à croire ce qu'on lui diſoit; Ragenaire, pour l'en convaincre, fit apporter une partie d'une poutre de l'abbaye de S.ᵗ Germain, & la ſerrure d'une porte de Paris, *Serramque portæ Pariſiacæ,* qu'il avoit auſſi enlevées; & ajoûta que dans un pays de ſi facile accès, il y avoit plus à craindre de la part des morts que des vivans : c'eſt au moins le diſcours que lui fait tenir Aimoin, qui regardoit les maladies des Normans, comme une punition du pillage de ſon monaſtère. Au reſte, il tenoit tout ce détail d'un ambaſſadeur de Louis de Germanie, qui s'étoit trouvé à la Cour du roi de Danemark, lorſque Ragenaire y vint faire la relation de ſon expédition.

Si Ragenaire & ſes Normans, ſortis de la Seine, n'y revinrent plus, conformément à leur promeſſe, d'autres troupes prirent bien-tôt leur place. Godefroi, quoique baptiſé ſous le règne de Louis le Débonnaire, s'étoit mis à la tête d'une nouvelle bande, avec laquelle il entra dans la Seine en 850. L'Empereur Lothaire vint au ſecours de Charles le Chauve, qui, au lieu de profiter de la bonne volonté de ſon frère, aima mieux faire un accord avec Godefroi, à qui il donna même des terres. Mais ces pirates ne s'étoient pas pluſtôt retirés, qu'il en revenoit d'autres. Cet Oſcheric ou Oger, qui avoit brûlé la ville de Rouen en 841, reparut encore dans la Seine, au mois d'octobre 850, & alla mettre le feu à l'abbaye de Fontenelles, qu'il ruina de fond en comble, le 9 janvier 851. De là, les Normans répandus de tous côtés, allèrent brûler la ville de Beauvais; & quoiqu'ils euſſent été battus à leur retour auprès de Vardes, ils trouvèrent moyen de regagner leurs barques à la faveur des bois. Un ſéjour de près de dix mois qu'ils firent ſur les bords de la Seine, leur fournit des occaſions d'exercer leur barbarie; & ſelon la chronique de Fontenelles, on n'avoit jamais vû dans ces cantons une pareille déſolation : *Teſtantur regiones Sequanæ*

Annal. Ful-deníſ. ad an. 850.

Chronic. Fon-tanell. p. 389.
Hiſt. Fr. Du Cheſne, tom. II.

adjacentes quia ex quo gentes esse cœperunt, numquam tale exterminium in his territoriis auditum est. Enfin, chargés de butin, ils abandonnèrent la Seine, les premiers jours de juin de l'an 851.

Charles le Chauve, pendant ces ravages, étoit occupé, dans le palais de Mersen sur la Meuse, à conclurre un traité avec ses frères; & de là, il fut obligé d'aller en Anjou, mettre ordre aux affaires de ce pays, que la révolte de Nominoé, Roi de la petite Bretagne, & de Lambert comte de Nantes, avoient extrêmement dérangées. La mort de ces deux seigneurs, qui arriva cette année, ne mit point fin aux troubles qu'ils avoient excités. Érispoé ou Érispou, successeur de Nominoé, ayant défait Charles dans un combat, le contraignit d'en venir à un accommodement, qui permit au Roi de venir goûter quelque repos dans ses palais, où il ne fut pas long-temps sans apprendre une nouvelle descente des Normans.

Godefroi, dont j'ai déjà parlé, étoit à leur tête, & s'étoit associé un autre chef nommé Sidroc, avec lequel il entra dans la Seine le 9 octobre 852. La chronique de Fontenelles dit qu'ils s'avancèrent *usque ad Augustudunas.* Je n'ai pû découvrir la position de ce lieu : mais je crois qu'il étoit au dessous de Jeufosse, village situé sur la Seine, à une lieue de Vernon; car la même chronique remarque que l'Empereur Lothaire & Charles le Chauve étant venus au devant des Normans, ceux-ci parurent s'en inquietter si peu, qu'ils vinrent se cantonner à Jeufosse, où ils passèrent tranquillement l'hiver. Charles le Chauve trouva encore moyen de se concilier Godefroi : mais comme ces chefs de brigands étoient indépendans les uns des autres, Sidroc, avec ceux qui lui étoient soumis, exercèrent des cruautés inouies, avec d'autant plus de fureur, disent les annales de S.ᵗ Bertin, qu'on leur laissoit pleine liberté de faire ce qu'ils vouloient ; & ils ne quittèrent la Seine, qu'au mois de juin 853, pour aller brûler les villes de Nantes, d'Angers, de Tours, & de Blois. *Annal. Bertin. ad ann. 850, 854.*

Les troubles qui régnèrent en Danemark au sujet de la royauté, pendant toutes ces années-ci, peuvent être regardés *Annal. Fuldens. ad ann. 850.*

comme une des principales caufes de ces irruptions fréquentes des peuples du Nord. Dans les temps de tranquillité, les Princes françois menaçoient les Rois normans de leur faire la guerre, s'ils ne détournoient leurs fujets d'exercer la piraterie: & ces Rois déféroient quelquefois à leurs demandes, en faifant punir les coupables au retour de leurs courfes, & en rendant les prifonniers qu'ils avoient faits. Mais dans des temps de diffenfion, ils n'avoient aucun pouvoir fur des gens, qui, obligés d'abandonner leur patrie, où ils étoient les plus foibles, cherchoient ailleurs des établiffemens avec leurs familles, ou pilloient pour avoir de quoi fe dédommager des biens & des avantages dont ils jouiffoient chez eux.

Telle étoit en particulier la fituation du Danemark en 854 & l'année fuivante, pendant lefquelles Horric Roi de ce pays étoit en guerre contre Gudurm fils de fon frère, qui prétendoit au trône : ce dernier ayant été vaincu, fut obligé de s'enfuir, & de faire le métier de pirate, avec ceux qui lui étoient attachés. L'un d'eux nommé Sidroc, dont j'ai déjà parlé, entra dans la Seine le 18 juillet de l'an 855, & s'avança jufqu'à Piftes, maifon royale fituée auprès du Pont-de-l'Arche, à l'embouchûre de la rivière d'Andelle: un mois après, il y fut joint par une autre flotte, fous la conduite de Bernon. Ces deux chefs réunis entreprirent de ravager tous les lieux des environs, & pénétrèrent même dans le Perche, où Charles le Chauve en fit un grand carnage. Mais tel étoit l'état malheureux du royaume, que lorfque les chofes fembloient fe difpofer à la ruine de ces voleurs, les François eux-mêmes y mettoient obftacle.

Annal. Ber-
tin. ad an. 856. Les Aquitains, expofés à des ravages continuels, avoient imploré le fecours de Louis de Germanie, puifque leur Prince naturel fembloit les abandonner : les autres Grands de l'Etat, auffi mécontens que les Aquitains, introduifirent conjointement avec eux Louis de Germanie dans le cœur du royaume, & obligèrent Charles le Chauve à laiffer les Normans, pour fonger à faire rentrer dans leur devoir fes fujets rebelles. Les Normans profitèrent de cette rébellion

pour

pour s'approcher de Paris : car, quoique Sidroc fût sorti de la Seine en 8 5 6, Bernon y étoit resté, & avoit bâti un Fort dans l'île d'Oisel, située entre Rouen & le Pont-de-l'Arche. Il y fut joint par une nouvelle troupe vers le milieu du mois d'août, avec laquelle il ravagea tout à son aise les bords de ce fleuve, & vint se camper à Jeufosse. C'est de ce lieu que le 28 décembre 8 5 6, que l'on comptoit alors 8 5 7, parce que l'année commençoit à Noël, les Normans vinrent surprendre Paris. Ils y mirent tout à feu & à sang, brûlèrent l'église de S.te Geneviève, & toutes les autres de la ville & des environs, à l'exception de celles de S.t Etienne, qui étoit la Cathédrale, de S.t Germain des-Prés, & de S.t Denys, qui furent obligées de donner de grandes sommes pour se racheter du pillage & de l'incendie.

Les Normans, chargés de butin, se retirèrent dans l'île d'Oisel : & quoique Bernon se fût détaché de ses compatriotes en 8 5 8, pour aller faire serment de fidélité à Charles le Chauve; ceux qui obéissoient à d'autres chefs continuèrent leurs courses pendant quatre ans, levèrent des contributions sur toutes les églises, & exigèrent de grosses rançons des prisonniers qu'ils faisoient. Louis abbé de S.t Denys, & Gauzelin son frère, abbé de S.t Germain - des - Prés, tous deux petits-fils de Charlemagne par leur mère Rothrude, furent pris en 8 5 8 : l'argent qu'ils demandèrent pour le rachat de ces Abbés fut si considérable, que les trésors de toutes les églises du royaume en furent épuisés : *Cujus redemptione*, dit Hildegaire, *ponderibus inæstimabilibus auri & argenti ablata est omnis gloria & ornatus ab universis ecclesiis regni.* Il n'y a point d'exagération dans les expressions de cet auteur : on en peut juger par ce qu'il en coûta à la seule abbaye de S.t Denys, plus intéressée, à la vérité, que les autres au rachat de son Abbé ; elle donna six cens quatre-vingt-cinq livres d'or, ou mille vingt-sept marcs deux onces, & trois mille deux cens cinquante livres d'argent, ou quatre mille huit cens soixante-quinze marcs. En évaluant le marc d'or à sept cens quarante livres, & le marc d'argent à cinquante livres,

Chronic. Fontanellens. ad an. 8 5 6.

Chronic. Norman. tom. II, p. 5 2 5.

Chronic. Bertin. ad an. 8 5 7.

Annal. Benedictin. tom. III, lib. XXXV, n.° 3 3.

Tome XVII. . N n

cela reviendroit aujourd'hui à un million trois mille neuf cens quinze livres de notre monnoie. Outre cela, les Religieux de S.ᵗ Denys livrèrent encore aux Normans plufieurs de leurs ferfs, avec leurs femmes & leurs enfans. Enfin, il fallut que le Roi même & les Grands, tant féculiers qu'eccléfiafti-ques, contribuaffent de leurs richeffes, pour completter la fomme que les Normans avoient fixée ; &, felon Hilde-gaire, la ville de Rome fut auffi en quelque forte dépouillée de fa fplendeur : *Atque ipfa aurea Roma fe fpoliatam fuo decore aliquo modo fentit.* Je ne fai fi cet auteur voudroit dire que la ville de Rome avoit auffi contribué volontaire-ment à la rançon des prifonniers. Il n'y avoit pas moyen de laiffer tranquilles, au milieu des plus belles provinces du royaume, des ennemis fi dangereux. C'eft pourquoi, malgré les défordres de l'Etat, caufés par la révolte des Grands, & par les pillages que faifoient d'autres bandes de Normans fur les bords de la Loire, de la Garonne & du Rhône, le Roi réfolut au mois de juillet 858 d'affiéger l'île d'Oifel, avec les troupes que fon fils Charles & fon neveu Lothaire roi de Lorraine lui amenèrent. Suivant Hildegaire, on n'a-voit pas encore vû une fi belle armée. Un grand nombre de bâtimens tranfporta par la rivière une partie des troupes, tandis que les autres marchèrent des deux côtés de la Seine. Si les attaques des affiégeans furent vives, les Normans fe défendirent avec leur bravoure ordinaire : mais ils auroient apparemment fuccombé, fi, vers la fin de feptembre, on n'eût

Annal. Bertin. ad an. 858.

Hildegar. Vit. S. Faronis ut fupra.

appris que Louis de Germanie, appelé par les fujets rebelles de Charles, s'étoit avancé jufqu'à Sens. A cette nouvelle, l'armée fe débanda : le Roi, obligé de fuir comme les autres, laiffa à la merci des Normans une partie de fes équipages & les barques de tranfport. Ce fut en vain que les peuples voifins de la Seine, outrés de fe voir abandonnés, prirent d'eux-mêmes la réfolution de s'attrouper, pour réfifter aux barbares : ils furent battus & obligés de leur laiffer la liberté de recommencer leurs pillages.

Ils brûlèrent l'année fuivante 859 la ville de Noyon, &

tuèrent l'évêque Immon. Les Religieux de S.ᵗ Denys, qui jufqu'alors avoient gardé dans leur monaſtère les reliques de ce Saint, les tranſportèrent à Nogent-ſur-Seine, & l'épou-vante ſe répandit de tous côtés; de façon qu'on ne ſe croyoit pas en ſûreté à l'abbaye de Ferrières, ſituée à 25 lieues de Paris. C'eſt ce que nous apprenons d'une lettre que Loup abbé de ce monaſtère écrivit à Hilduin, que je crois être le même Hilduin II qui avoit été mis à la place de Gauzelin abbé de S.ᵗ Germain, & qui fut pri-ſonnier des Normans. Hilduin avoit propoſé à l'abbé de Ferrières de lui envoyer les tréſors de ſon monaſtère, dont celui-ci avoit réſuſé de ſe charger. « Il n'eſt pas étonnant, lui dit-il, que ne connoiſſant pas la ſituation de notre abbaye, vous ayez penſé à nous envoyer votre tréſor : mais ſi vous l'euſſiez connue, non ſeulement vous ne nous l'auriez pas donné à garder pour long-temps; vous auriez même appré-hendé de nous le confier pour trois jours : car quoique notre demeure paroiſſe d'un abord difficile à ces pirates, pour qui, en punition de nos péchés, les lieux les plus éloignés ſont pro-ches, pour qui il n'y en a point d'inacceſſibles; cependant le peu d'hommes que nous avons en état de ſoutenir une attaque, dans un lieu auſſi mal fortifié que le nôtre, ne feroit qu'exci-ter l'avidité de ces voleurs: d'autant plus qu'ils pourroient péné-trer juſqu'ici à couvert, à travers les forêts, ſans crainte de trouver ſur leur route ni fortereſſes, ni troupes, qui les arrê-taſſent; & après nous avoir pillé, ſe ſauver dans les bois qui ſont dans notre voiſinage, & où il feroit inutile de les pour-ſuivre, pour reprendre ce qu'ils auroient enlevé. C'eſt pour-quoi, ajoûte Loup de Ferrières, que votre prudence veuille donc bien chercher ailleurs un aſyle, où vous puiſſiez dépoſer des choſes ſi précieuſes, que vous vous repentiriez trop tard de nous avoir confiées; ſi ce que nous craignons arrivoit. »

Lupi Ferrar. Ep. 110.

Quoique Charles le Chauve eût fait la paix avec ſon frère en 860, il ne crut pas devoir ſe fier à ſes propres ſujets, pour attaquer une ſeconde fois les Normans : il aima mieux avoir recours à une autre bande de cette nation, qui, ſous la conduite de Véland, défoloit les environs de la rivière de Somme. Ceux-ci promirent que si on vouloit leur donner trois mille livres de bon argent, *Ut si eis tria millia librarum argenti pondere examinato tribueret, &c.* c'eſt-à-dire, quatre mille cinq cens marcs, qui reviennent à deux cens vingt-cinq mille livres, ils chaſſeroient leurs camarades de l'île d'Oiſel, ou qu'ils les y feroient périr. Il n'étoit pas aiſé, dans l'état miſérable où le royaume étoit réduit, de trouver promptement cette ſomme : on taxa les égliſes, les maiſons des particuliers & les plus pauvres marchands, ſelon leurs facultés; mais il fallut du temps pour ramaſſer cette contribution. Les Normans, las de demeurer oiſifs, quittèrent la Picardie, & s'allèrent jeter ſur l'Angleterre, emmenant avec eux les otages qu'on avoit été obligé de leur donner, pour ſûreté de l'argent promis. Ceux de l'île d'Oiſel profitèrent de ce répit, pour venir encore brûler Paris, au mois de janvier 861. Les négocians de cette ville cherchèrent en vain par la fuite à mettre leurs effets à l'abri du pillage; les Normans les pourſuivirent par la rivière, & les pillèrent.

Chronic. de Norman. gestis. Du Chesne, tom. II, p. 526.

Aimoin nous apprend que tandis qu'ils furent dans l'île d'Oiſel, les chemins étoient libres pour eux, & qu'ils venoient à Paris quand ils vouloient : ainſi il ne faut point être étonné de les y voir revenir encore le jour de Pâques de la même année, ſurprendre l'abbaye de S.t Germain-des-Prés. Vingt Religieux, laiſſés pour la garder, étoient alors occupés à chanter matines : ils n'eurent que le temps de fermer les portes de l'égliſe, & de ſe ſauver où ils purent : un ſeul fut tué; & les Normans ne pouvant trouver les autres, maſſacrèrent les domeſtiques du monaſtère, le pillèrent, & mirent le feu au cellier : il ſe feroit bien-tôt communiqué à tous les bâtimens, ſi par leur départ précipité, ils n'avoient donné le temps aux habitans de Paris d'accourir au ſecours & d'arrêter l'incendie.

Aimoin. de miraculis S. Germani. Du Chesne, tom. II, p. 658.

Les Normans, de retour avec leur butin, ne furent pas long-temps tranquilles dans leur Fort de l'île d'Oiſel : Véland, qui n'avoit pas réuſſi dans ſon entrepriſe ſur l'Angleterre, entra dans la Seine avec plus de deux cens bâtimens; &

Annal. Bertin.

commença le siège du Fort, suivant les conventions de l'année précédente. Charles le Chauve, pour les exciter à bien faire, & leur ôter le desir de piller, ordonna qu'on leveroit encore sur ses Sujets cinq mille livres d'argent, c'est-à-dire, sept mille cinq cens marcs, qui sont de notre monnoie actuelle trois cens soixante-quinze mille livres, & qu'on fourniroit aux assiégeans du bled & des vivres. Véland, en effet, avec une nouvelle bande qui l'étoit venu joindre, pressa si vivement les assiégés, que la faim & la misère les contraignirent d'entrer en composition avec lui : ils promirent de lui donner six mille livres, tant en or qu'en argent : *Sex millia libras inter aurum & argentum obsidentibus donant;* & à cette condition, ils convinrent de sortir tous ensemble de la Seine. Comme l'auteur des annales de S.t Bertin ne spécifie point la quantité d'or & d'argent que les Normans d'Oisel furent obligés de céder, je ne puis non plus évaluer cette somme : on peut, au moins, juger par-là quelles richesses ils avoient enlevées; puisqu'il faut supposer qu'ils avoient gardé pour eux tout au moins autant d'argent qu'ils en donnèrent à Véland.

Quoi qu'il en soit, tous ces voleurs réunis prirent le chemin de la mer. Mais l'hiver qui approchoit les obligea de revenir sur leurs pas, & de se répandre sur tous les bords de la Seine, depuis Rouen jusqu'au dessus de Paris : Véland, avec sa troupe, se cantonna à Melun, & son fils, avec les Normans de l'île d'Oisel, prit son quartier à S.t Maur-des-Fossés.

Quoique ces pirates se fussent établis comme amis dans ces différens lieux; néanmoins Charles le Chauve avoit mandé des troupes pour les contenir dans leurs postes, & les empêcher de faire des incursions le long de la Seine, de l'Oise & de la Marne : & l'on va voir que ces précautions n'étoient pas inutiles. Les Normans ne paroissoient pas faits pour vivre sans causer du désordre par-tout où ils se trouvoient : ceux de Melun mirent le feu à cette ville; & pendant que le Roi étoit à Senlis, où il attendoit ses troupes, on lui dépêcha un courrier, au commencement de l'année 862, pour lui donner avis que les Normans de S.t Maur avoient envoyé l'élite de leur

Lup. Ferrar, Ep. 125.

Annal. Bertin, ad an. 862.

N n iij

jeuneſſe, attaquer la ville de Meaux : il partit auſſi-tôt avec ce qu'il avoit de combattans, pour ſurprendre ces pillards ; mais quelque diligence qu'il pût faire , il ne put empêcher le pillage & l'incendie de cette ville, à laquelle les Normans avoient mis le feu, dès le premier jour de leur arrivée. Comme les ponts de la Marne étoient rompus, & qu'il n'y avoit point de bateaux, le Roi prit le parti de reconſtruire le pont d'Iſle-lez-Villenoy, lieu ſitué ſur la Marne auprès de Triele-bardou, & environ à une lieue au deſſous de Meaux ; c'eſt ainſi que je crois qu'il faut entendre ces mots de l'annaliſte, *Pontem ad inſulam ſecus Trejectum reficit.* Par-là, il fut en état de poſter des troupes ſur les deux bords de la Marne, & de barrer le paſ-ſage aux Normans. Ils furent, en effet, pour cette fois obligés de s'humilier, & de faire le perſonnage de ſupplians : ils en-voyèrent des otages au Roi, & convinrent de rendre, ſans différer, tous les captifs qu'ils avoient faits, & de ſe joindre à l'armée françoiſe, pour contraindre les autres Normans à quitter leurs poſtes, ſi ceux-ci faiſoient quelque difficulté d'en ſortir. Ce fut à ces conditions, qu'on leur permit de retourner à S.ᵗ Maur, d'où ils partirent enfin avec tous les autres qui étoient cantonnés en différens endroits, & ſe mirent en mer au printemps de cette année 862, pour aller ravager d'autres provinces. Véland cependant ne fut pas de cette expédition ; puiſque quelques jours après il revint trouver le Roi, & embraſſa le Chriſtianiſme avec ſa femme & ſes enfans.

C'eſt ainſi que les Normans, après ſix années de ravages continuels, laiſſèrent enfin le temps de reſpirer aux Pariſiens, & à tous les habitans des bords de la Seine. Les Religieux de S.ᵗ Germain profitèrent de cette tranquillité, pour rap-porter à Paris le corps de leur Patron en 863. C'eſt dans cette occaſion, que paſſant ſur le terrein de cette ville, appelé depuis l'*Univerſité*, ils ne purent retenir leurs larmes, à la vûe de tant d'édifices brûlés, & adreſsèrent à Dieu ces pa-roles de Jérémie : « Conſidérez, Seigneur, la déſolation de » cette ville autrefois pleine de richeſſes, & la triſteſſe où eſt » maintenant plongée cette maîtreſſe des nations ».

Sæcul. III. Benedictin. Part. II, p. 117.

Nos annales ne parlent point des incurſions des Normans dans la Seine, pendant le reſte de cette année; & la ſuivante ſe paſſa auſſi ſans trouble de leur part. Mais en 865, Charles le Chauve fut encore obligé de quitter ſon palais d'Attigni, pour aller à la rencontre d'une flotte de ſoixante bâtimens : il s'avança juſqu'à Piſtes, où, de l'avis des Grands qui y étoient aſſemblés, on réſolut de rétablir des ponts en pluſieurs endroits, & d'achever les fortereſſes que l'on avoit commencé à conſtruire ſur la Seine. Le Roi ayant enſuite donné ſes ordres pour la marche des troupes qui devoient garder les bords de cette rivière, alla prendre le divertiſſement de la chaſſe dans les environs d'Arras; & de là, il partit pour ſe trouver à Cologne à une conférence avec ſon frère Louis de Germanie.

Les Normans profitèrent de ſon abſence & du retard des troupes, pour envoyer deux cens hommes chercher du vin à Paris. Ils en revinrent, avec la même facilité qu'ils y étoient allés : ce qui leur donna la hardieſſe de venir le 20 d'octobre ſe camper auprès de l'abbaye de S.ᵗ Denys. Pendant vingt jours qu'ils y furent, ils ne ceſſèrent de tranſporter dans leurs barques tout ce qu'ils purent prendre, & s'en retournèrent ſans trouver de réſiſtance. *Annal. Bertin.*

Charles le Chauve ne put apprendre ſans indignation cette nouvelle, à ſon retour de Cologne : il déchargea ſa colère ſur le comte Adalard & ſur d'autres Grands, à qui il avoit confié la garde de la Seine; & punit leur négligence, en les privant de leurs biens & de leurs dignités. Mais ceux qu'il mit à leur place ne réuſſirent pas mieux à défendre le royaume. Les Normans faiſoient ſi peu de cas des troupes françoiſes, qu'ils s'avancèrent, l'année ſuivante 866, juſqu'à Melun, *Ibid.* au milieu de deux armées qui les ſuivoient des deux côtés de la Seine : ils attaquèrent celle qui étoit la plus conſidérable, la mirent en déroute preſque ſans combat, & répandirent par-tout la terreur ; en ſorte que Loup abbé de Ferrières, qui avoit déjà fait tranſporter à S.ᵗ Germain d'Auxerre les ornemens de ſon égliſe, étoit ſur le point de s'enfuir avec toute fa communauté, à Aix en Othe : c'eft une terre du diocèfe de Troyes qui appartenoit à l'églife de cette ville, & que Folcric, qui en étoit évêque, avoit généreufement offerte à ces Religieux, pour leur fervir de retraite.

Lupi Ferrar.
Ep. 125.

Les Normans menaçoient, après avoir ravagé les villes les plus célèbres, d'aller même jufqu'à Chappes, lieu où s'affem- bloient les Négocians, qui étoit fitué fur la Seine, à trois lieues au deffus de Troyes. C'eft ainfi que j'interprète ces mots de la lettre de Loup de Ferrières à Folcric, *Vaftatis longè latéque celeberrimis locis, etiam fedem negotiatorum Cap- pas fe petiturum jactabant.* Comme Loup écrit à un Evêque de Troyes, j'ai cru qu'il ne falloit point chercher Chappes ailleurs que dans ce diocèfe, où l'on fait que fe tinrent dans la fuite les Foires de Champagne, qui ont été fi célèbres : il étoit, au refte, d'autant plus aife aux Normans de pénétrer dans ce pays, que les bateaux remontoient alors la Seine jufqu'à Troyes.

Je ne puis m'empêcher de relever ici en paffant une faute qui a échappé à M. du Cange. Dans fon Gloffaire latin au mot *Cappa*, il a cité ces paroles de Loup de Ferrières, *Nego- tiatorum Cappas fe petiturum jactabant*, pour prouver que les marchands, dans leurs voyages, fe fervoient de manteaux. Il eft vifible que le mot *Cappa*, dans ce paffage, défigne, non un habillement, mais un lieu, dont les Seigneurs étoient

Hift. de Ville-
hardouin in-fol.
p. 254.

renommés fous le règne de Philippe I, comme l'a remarqué M. du Cange lui-même, dans fes notes fur Villehardouin. Cette inadvertence a été répétée dans la dernière édition du Gloffaire. Les Normans, cantonnés à Melun, fe rendirent fi redou- tables, qu'il fallut encore compofer avec eux, & leur payer quatre mille livres d'argent, c'eft-à-dire, fix mille marcs, valant trois cens mille livres de notre monnoie, qu'on leva fur toutes fortes de perfonnes, fans diftinction d'état. Ils exigèrent qu'on leur rendît les captifs qui s'étoient fauvés de leurs mains, ou qu'on payât pour chacun d'eux une rançon qu'ils fixèrent eux-mêmes : & afin que les François ne puffent fe glorifier d'avoir fait mourir impunément un Norman, la mort de ceux qui avoient été tués fut évaluée à une certaine fomme, qu'on qu'on fut contraint de donner. Enfin, après avoir chargé fur leurs barques tout ce qu'ils avoient enlevé, ils defcendirent à l'île S.ᵗ Denys, qu'ils ne quittèrent qu'au mois de juillet 866, pour aller s'établir dans un endroit où ils puffent radou- ber leurs bâtimens, & en conftruire de nouveaux. Après qu'on leur eut payé l'argent dont on étoit convenu, ils for- tirent de la Seine, que nous ne leur verrons plus remonter au deffus de Paris, contre le gré des Parifiens : car s'ils revinrent encore dans cette rivière, ils ne pafsèrent pas l'ab- baye de S.ᵗ Denys, où ils étoient en 876, & d'où Charles le Chauve les renvoya encore, en leur donnant de l'argent.

Du Chefne,
Hiftor. Francor.
t. III, p. 250,
251. & t. II,
p. 460.

On a vû ci-deffus, par la facilité avec laquelle les Nor- mans viennent à Paris, pillent & brûlent cette ville, & ran- çonnent fes habitans, qu'il ne devoit point y avoir de for- tifications qui leur en défendiffent l'entrée. On n'avoit fait la guerre, pendant les deux règnes précédens, que fur les frontières de l'empire françois: la longue paix dont on avoit joui en particulier dans l'intérieur de la France, y avoit fait négliger les fortifications des villes, où l'on fe croyoit dans une fécurité fi parfaite, qu'on démoliffoit même les enceintes, pour en faire fervir les pierres à la conftruction des édifices publics. Mais enfin l'on fentit la néceffité qu'il y avoit d'op- pofer quelques barrières aux courfes des barbares.

Dès l'an 862, immédiatement après la fortie des Nor- mans de l'île d'Oifel, Charles le Chauve avoit ordonné la conftruction d'une forterecffe au Pont-de-l'Arche: il y alla lui- même avec des ouvriers, pour commencer à y faire travailler; mais le travail alla fi lentement, par les difficultés qui fe ren- contrèrent, que ce Prince fut obligé de réitérer fes ordres en 864. Les Normans, qui rentrèrent dans la Seine en 865, & qui n'en fortirent que l'année fuivante, firent ceffer tota- lement cet ouvrage, qui ne fut repris qu'après leur fortie: il étoit apparemment achevé, lorfque Charles le Chauve ordonna, en 869, dans tout fon royaume, la levée d'une certaine quantité de ferfs, deftinés à venir habiter & garder ce nouveau château. Mais foit que cette place ne fût pas affez

Annal. Bertin.

Annal. Bertin.

forte, foit qu'on n'y mît point une garnifon affez nombreufe; elle ne fut jamais un obftacle au paffage des Normans, qui remontèrent encore depuis cette année la Seine, au deffus du Pont-de-l'Arche; au lieu qu'on ne les voit plus paffer au delà de Paris, depuis l'an 866. C'eft ce qui me fait croire qu'il faut entendre des fortifications de cette ville, ce que rapporte un auteur anonyme, dont du Chefne a donné les fragmens:

Hiftor. Fran- cor. Du Chefne, t. 11, p. 403.

« Le roi Charles, dit cet auteur, ayant pendant quelques
» années livré aux Normans plufieurs combats, dont l'événe-
» ment fut différent, réfolut enfin de bâtir fur la Seine un
» Pont fortifié, pour arrêter leurs courfes; & de conftruire en
» même temps aux extrémités de ce Pont deux fortereffes, dans lefquelles il mit des troupes pour la défenfe du royaume.»
On eft en droit de me demander les raifons que j'ai d'entendre des fortifications de Paris, ce que dit cet auteur, qui ne marque point le lieu où fut bâti ce Pont: les voici.

Il eft certain qu'en conféquence des ordres donnés dans un Parlement tenu à Piftes en 864, on avoit commencé à travailler à la fortereffe du Pont-de-l'Arche; & qu'en 869 Charles le Chauve avoit fait fortifier l'abbaye de S.¹ Denys.

Annal. Bertin.

Si les hiftoriens gardent le filence fur le temps où l'on commença les fortifications de Paris; nous avons des lettres de Charles le Chauve qui y fuppléent. Ce Prince y dit que pour l'utilité de tout fon royaume, la défenfe de l'Eglife de Dieu & l'expulfion des Normans, il avoit fait bâtir un plus grand Pont hors de la ville de Paris, fur le terrein de S.¹ Germain-l'Auxerrois: *Pro totius utilitate regni noftri, ac defenfione fanctæ Dei Ecclefiæ atque Normannorum infeftatione.... placuit nobis extra prædictam urbem de ærarii noftri fcato fupra terram monafterii fancti Germani fuburbio commorantis, quod à prifcis temporibus Antiffiodorenfis dicitur.... majorem facere pontem.* Ces lettres données en faveur de l'églife de Paris, à laquelle le Roi accorde la propriété de ce Pont, font datées de Compiegne, la veille des ides de juillet, l'an 22 du règne de ce Prince, indiction III.

Baluzii capi- tular. t. 11, col. 1491.

Il y a une faute dans l'une ou l'autre de ces dates, qui

ne s'accordent pas enſemble; mais je crois qu'elle eſt dans l'année du règne : car outre que l'an 22 du règne de Charles le Chauve tombe à l'an 861, indiction IX & non III, c'eſt qu'il étoit impoſſible cette année-là & les dix précédentes, de travailler à un Pont à Paris, au milieu des troubles que j'ai décrits. Il vaut donc mieux laiſſer l'indiction III des let- tres, qui tombe à l'an 870, & à la 31.ᵉ année du règne de Charles le Chauve, & placer à cette année, comme a fait M. Baluze, la perfection du Pont de Paris. Il y avoit alors plus de quatre ans, qu'on y jouiſſoit d'une grande tranquillité ; les Normans n'y ayant point reparu depuis le mois de juin de l'an 866.

Ce Pont qui n'étoit que de bois, & qu'Abbon appelle un Pont peint, *Pons pictus*, étoit ſéparé en deux par l'île du Palais, où il venoit aboutir des deux côtés : la partie qui étoit ſur le grand bras, étoit vers le For-l'Evêque, & la partie bâtie ſur le petit bras, étoit vis-à-vis. Comme il avoit été conſtruit pour défendre la ville des incurſions des Normans, il devoit être fortifié : auſſi, Abbon nous apprend-il qu'il avoit deux tours ou deux forts aux extrémités, l'un ſitué ſur le Quai des Auguſtins, & l'autre, qui étoit plus conſidérable, ſur le Quai de la Mégiſſerie, dans l'endroit où venoit ſe terminer l'enceinte ſeptentrionale de la partie qu'on nomme *la Ville*. Lorſqu'en 1731 M. Turgot, alors Prevôt des Marchands, toûjours attentif à ce qui pouvoit contribuer au bien public, profita de la ſéchereſſe du temps & des eaux baſſes, pour faire nettoyer le lit de la rivière & enlever des atterriſſemens, formés ſous le cours de la navigation, dans le grand bras du côté du Pont-neuf ; on découvrit des pilotis d'un ancien Pont de bois, dans le même endroit où je place le Pont de Charles le Chauve.

Les fortifications de Paris conſiſtoient donc alors : 1.° dans le grand Pont fortifié à la tête de l'île. 2.° dans l'enceinte de la Cité. 3.° dans une autre enceinte au nord du grand bras de la Seine, qui commençoit au bas de la rue des Barres, derrière S.ᵗ Gervais, renfermoit la rue de la Verrerie dans toute fa longueur, traverfoit la rue S.ᵗ Denys auprès des Innocens, & venoit aboutir à la forterefſe du grand Pont, auprès du For-l'Evêque. Il n'y avoit point d'enceinte du côté de l'Univerſité. La forterefſe qui défendoit le Pont du petit bras, étoit iſolée, & n'avoit de communication avec la Cité, que par le Pont qui y aboutiſſoit. C'eſt ce que l'on voit par le détail du fiège de cette ville, décrit par Abbon. Le Roi ne fe contenta pas d'avoir mis la ville de Paris en état de défenfe; il fongea encore à l'entretien des réparations pour la fuite: car c'eſt un des articles fur lefquels on délibéra dans le Parlement de Querci, tenu en 877, pour maintenir le bon ordre dans le royaume pendant l'abſence du Roi, qui étoit prêt à partir pour ſon ſecond voyage d'Italie: *De civitate Pariſius & de* *Caſtellis ſuper Sequanam.... qualiter & a quibus inſtaurentur,* *ſpecialiter etiam de Caſtello S. Dionyſii.*

Du Cheſne,
Hiſt. Franc. t.
II, p. 465.

Toutes ces fortifications étoient en bon état en 886, lorſque les Normans arrivèrent à Paris, pour en former le fiège. On ne voit plus alors, comme auparavant, les Moines de S.ᵗ Germain, & les autres Religieux des environs, chercher un afyle éloigné: ils viennent fe réfugier dans l'enceinte de Paris, avec ce qu'ils avoient de plus précieux.

Tous nos hiſtoriens ont cru juſqu'à préſent que le grand Pont, dont il eſt fait mention dans les lettres de Charles le Chauve, étoit le Pont au Change, & que les deux forterefſes dont parle Abbon, étoient le grand & le petit Châtelet: mais ils n'ont pas fait réflexion que le Pont de ce Prince étoit un ouvrage fait exprès pour arrêter les Normans, & non pour ſervir de pafſage dans la Cité, comme les deux autres Ponts qui ont ſubfiſté de tout temps, & qu'on ne lit point avoir été abattus. Les anciens Ponts de Paris, au moins le plus grand, étoient couverts de maiſons, dès le temps de la première race; & celui de Charles le Chauve n'en avoit point.

Je ne voudrois pas néanmoins nier que le grand & le petit Châtelet n'aient pû être bâtis dès-lors; quoique je n'aie point trouvé de titres qui en faſſent mention, avant le règne

de Louis le Jeune : mais je puis affurer que ces deux anciennes portes de la Cité, ne reffemblent point aux forterefîes
d'Abbon, qui les décrit comme des bâtimens en partie de
pierre & en partie de bois ; tels qu'étoient la plufpart des
forterefîes de ces temps-là.

Il faut encore faire attention à la fituation des Ponts de
Charles le Chauve, qui marquent l'emplacement des forterefîes qui les défendoient. Charles dit dans fes lettres, que
le Pont du grand bras de la Seine étoit fitué fur le terrein
de S.ᵗ Germain-de-l'Auxerrois. Or le Pont au Change d'aujourd'hui n'eft pas de la paroifîe S.ᵗ Germain : & celui qui
portoit le même nom auparavant, étoit encore plus éloigné
de la cenfive de cette églife ; puifqu'il étoit plus près du
Pont Notre-Dame. De plus, l'églife de Paris, à laquelle
le Roi fit don du nouveau Pont & des Moulins qu'on y
pourroit conftruire, n'a jamais eu aucune feigneurie fur le
Pont au Change ; mais elle a été propriétaire du Pont aux
Colombes ou aux Meûniers, bâti autrefois entre le Pont au
Change & le Pont-neuf, & qui peut avoir fuccédé au Pont
de Charles le Chauve. Ce Pont a toûjours confervé le nom
de grand Pont : car dans les déclarations que le Chapitre
de N. D. fit en 1549 & 1586 de fa cenfive, il fait mention du *Pont aux Meûniers*, fans parler en aucune forte du
Pont au Change. Voici les termes de ces déclarations :
*Pareillement déclarent qu'ils ont droit de haute juftice, moyenne
& baffe, & voirie fur le Pont aux Meûniers, autrement appelé le
grand Pont, le chemin duquel n'eft voye publique ; & auffi avoir
droit de cenfive fur les maifons & moulins y étant affis, ainfi
qu'il enfuit, &c.*

Enfin ce Pont, fuivant les lettres de Charles le Chauve,
étoit hors de la ville, *extra urbem,* c'eft-à-dire à la tête &
hors de l'enceinte feptentrionale, qui venoit fe terminer auprès
du For-l'Evêque : car ces mots, *extra urbem,* ne fe doivent
point interpréter *hors de la Cité,* ce qui me paroîtroit ridi-
cule : on fait bien qu'un Pont qui conduit à une ville ren-
fermée dans une île, ne peut être que hors de cette ville.

Pour ce qui eſt du Pont du petit bras & de la fortereſſe qui le défendoit, Abbon dit expreſſément qu'ils étoient l'un & l'autre ſur le territoire de S.ᵗ Germain-des-Prés.

Du Cheſne, Hiſt. Franc. t. 11, p. 510.

Auſtralis geſtabat eum vertex, ſed & arcem,

Quæ tellure manet ſancti fundata Beati.

Du Breul, Antiq. de Paris, p. 343 & 516.

Ainſi ils devoient être l'un & l'autre ſur le Quai des Auguſtins, & non ſur le terrein où ſont le petit Châtelet & le petit Pont : car la cenſive de l'abbaye de S.ᵗ Germain ne s'étend pas au delà du Pont S.ᵗ Michel, où elle eſt encore bornée aujourd'hui.

www.ingramcontent.com/pod-product-compliance
Lightning Source LLC
Chambersburg PA
CBHW070217200326
41520CB00018B/5675